학생들 이야기

　작가와 출판사 이야기를 그린 드라마를 보며 "나도 작가가 되어 나만의 책을 써보고 싶다."라는 생각을 했었습니다. 하지만 조리사라는 꿈과 작가는 멀게만 느껴졌습니다.

　저는 음식을 만드는 것과 책을 만드는 것은 새로운 것을 창조한다는 의미에서 같은 과정이라고 생각했습니다. 우리가 만든 따뜻한 음식과 책 한 페이지에서 느끼는 행복, 위로. 그 순간들이 우리가 최종적으로 원하는 일이었습니다.

　그래서 학교에시의 디양한 경첨을 바탕으로 책을 만들어보자는 목표를 세우고 스쿨북스 동아리(비즈쿨)를 구성하였습니다.

　동아리원과의 회의를 거쳐 '우리들만의 레시피'로 주제를 정하고 각자 역할을 분담하여 초고를 만들었습니다. 레시피를 생각하여 직접 요리를 하고 그 과정을 문서화하여 책으로 담기까지 결코 쉽지 않은 길이었습니다. 혼자였다면 어려웠을 일이지만 동아리원들과 우리 학교 친구들의 많은 도움으로 책을 완성할 수 있었습니다.

'함께'라는 것이 꼭 같이 있어야 한다는 의미는 아닐 것입니다. 음식 한 그릇에, 책 한 페이지 한 페이지에 마음을 나눌 수 있다면 그것이 진정 '함께'하는 것이라 생각합니다.

 더 많은 사람들에게 웃음과 행복, 위로를 전할 수 있는 날까지 노력하겠습니다.

한국국제조리고등학교 청소년 비즈쿨 동아리 〈스쿨북스〉
배 지 수

지도교사 이야기

아이들이 전하고 싶었던 메시지는 '마음'입니다.

어머니께서 차려 주셨던 따뜻한 한 끼의 밥상과

친구들과 웃고 떠들며 먹었던 보글보글 끓는 떡볶이.

꼭 참여하고 싶었던 행사에

참여하지 못하게 된 쓸쓸한 마음일 때, 친구가 권해주던 치킨.

이렇게 음식은 함께하는 이들의 마음을 대변합니다.

행복한 순간, 따뜻한 순간, 힘든 순간, 괴로운 순간

그 칠나의 소중함을 책으로 담았습니다.

우리 아이들의 일상 속 레시피는 거창하지는 않습니다.

하나하나 알아가는 과정 속에서 새로운 것들을 발견하는

기쁨과 희열, 뿌듯함이 담겨 있습니다.

아이들이 꿈꿔본 달콤, 상큼, 건강한 레시피!

말로 전하기 어려울 때

따뜻한 음식으로 마음을 전해보는 것은 어떨까요?

한국국제조리고등학교 교사

손 효 정

목차

© 김민서

환상의 짝꿍
부제 : 먹는 것에는 궁합이 있다

배연우

돼지고기와 새우젓
감자와 치즈
딸기와 우유
고등어와 무
부추와 된장

곁들여 먹으면
매력을 더 뽐내는 음식이 있다

우리 함께 환상의 짝꿍을 찾아 먹어보자

1

—

입맛
돋우기

봉화 해오름 농장 식자재 체험활동

상 큼 달 콤

리코타 치즈 샐러드

재료

우유 1L, 생크림 500ml, 식초 4T, 소금 1T, 발사믹 식초 2T, 올리
고당 2T, 올리브유 1T, 레몬즙 5T, 좋아하는 과일 적당량, 견과류,
샐러드 채소

리코타 치즈 만드는 방법

1 냄비에 우유와 생크림을 섞은 후 식초와 소금을 넣고 녹을 수
   있게 약중불로 5분 정도 끓인다.
2 숟가락으로 두 번 정도 큰 동그라미를 그리며 저어 준다.
3 조금 끓으면 레몬즙을 넣고 약불에 1시간 정도 끓인다.
4 치즈가 덩어리지기 시작하면 면포에 건더기를 걸러준다.
5 면포를 눌러 치즈에 남아있는 물을 뺀다.
6 한 시간 정도 그대로 둔다.
7 한 시간 후 냉장고에 3시간~4시간 정도 두었다가 먹기 좋게
   자른다.

샐러드 만드는 방법

좋아하는 샐러드 야채를 접시에 담고 과일, 견과류를 담은 후 리
코타 치즈를 놓고 소스를 뿌린다.

Tip 소스는 발사믹식초, 올리고당, 설탕을 섞는 등 개인의 취향에 따라 만든다

건강한 리코타 치즈와

새콤달콤한 발사믹 소스가

함께하는 에피타이저

시저 샐러드

재료

달걀 2개, 레몬 1개, 로메인 상추 50g, 머스타드 10g, 마늘 1쪽, 베이컨 15g, 엔초비 3개, 올리브 오일 20ml, 카놀라 오일 300ml, 식빵 1장, 후추 5g, 소금 10g, 화이트와인 식초 20ml, 치즈 20g

크루통 만드는 방법

1 식빵을 1cm * 1cm 로 자른 후 오일을 두른 팬에 다진 마늘을 넣고 자른 식빵을 굽는다.

2 마늘을 다지고, 여러 채소들을 손질한다.
   Tip 로메인 상추는 줄기 부분을 제거한 후 먹기 좋은 크기로 자른다

3 레몬즙을 낸다.

소스 만드는 방법

1 마요네즈, 달걀 노른자 2개, 레몬즙 1ts, 머스타드 1ts, 화이트와인 식초 1ts를 넣고 색이 맞춰지면 소금 간 후 접시에 담는다.

2 시저 드레싱 : 마요네즈, 마늘, 앤초비, 후추, 치즈 1ts, 레몬즙 1ts, 머스타드 1ts, 올리브오일 1ts을 휘핑기로 잘 섞은 후 접시에 담는다.

샐러드 만드는 방법

로메인 상추의 수분을 제거하고 베이컨, 크루통을 넣고 시저 드레싱을 사용해 섞는다.

접시에 담은 후 남겨놓은 베이컨과 크루통을 올리고 치즈를 뿌려 마무리한다.

바삭한 크루통과
고소한 치즈가 들어간
시저 샐러드

© 최지혜

토마토와 가을

배 지 수

토마토의 색은
초록색, 노란색, 빨간색.
가을의 색과 같다.

토마토를 먹으면 힘이 난다.
가을의 하늘을 보면
힘이 나는 것처럼.

토마토는 재료들을 연결한다.
가을이 여름과 겨울 사이를
이어주는 것처럼.

2

—

간단한
한 끼

© 김민서

힘을 내요 슈퍼 판다~

재료

콩고기 패티(두부+닭가슴살), 흑임자 베이글, 소이 마요네즈, 상추, 방울토마토, 양파, 단호박, 계란, 크림치즈, 슬라이스 치즈, 불고기 소스 : 간장, 파, 마늘, 설탕, 올리고당, 후추, 참기름, 깨

만드는 방법

1 계란, 단호박을 삶고, 식힌 후에 으깬다.

2 양파를 채 썰고 볶는다.

3 방울토마토를 썬다.

4 상추를 손질해서 물에 담근다.

5 소스를 만든다.

6 닭가슴살과 두부를 다져서 콩고기 패티를 굽는다.

7 단호박 샐러드를 만든다.

8 흑임자 베이글을 굽는다.

9 빵 위에 단호박 샐러드-토마토-상추-패티-양파-소스 순으로 올리고 빵 위에만 포를 뜨고 슬라이스 치즈로 덮어서 눈, 코, 입 을 만든다.

한국국제조리고등학교 유유라 · 박수진

영주 부석태로 만든 두부를 사용한 샌드위치.
콩은 체중 감량, 골밀도 증강, 유방암 발병률을 감소시키며
풍부한 식이섬유로 당뇨병 예방에도 도움이 된다.
판다를 닮은 교장 선생님의 건강을 생각하며
만든 판다 샌드위치!

머~ 쉬림프 샌드위치

재료 (1개 기준)

우유 식빵 3장, 선비촌 버섯(느타리버섯) 30g, 양상추 2장, 마요네즈 30g, 계란 1개, 깐 새우 14마리, 간 마늘 1Ts, 설탕 1Ts, 고춧가루 1Ts, 간장 1Ts, 식초 1Ts, 버터 1ts, 후추 한 꼬집, 소금 한 꼬집, 호일 1장

만드는 방법

1 프라이팬에 버터를 두르고 약불로 식빵을 굽는다.

2 양상추는 찬물에 넣어 둔다.

3 계란을 삶는다.

4 버섯을 소금 간을 하여 볶은 후 잘게 다진다.

5 다진 버섯과 으깬 계란을 후추, 마요네즈와 섞는다.

6 새우와 간 마늘, 설탕, 고춧가루, 간장, 식초, 버터를 넣어 조린다.

7 식빵에 마요네즈를 바르고 식빵－양상추－버섯계란마요－식빵 순으로 쌓는다.

8 호일로 싸서 대각선으로 잘라 모양을 만든다.

한국국제조리고등학교 이예린 · 정효정

버섯은 콜레스테롤 등 지방의 흡수를 방해하여
비만을 예방한다.
새우는 칼슘과 타우린이 풍부하게 들어 있어 골다공증을
예방하며 면역력을 높여준다.
맛과 건강! 두 가지를 모두 챙기고 싶을 땐
버섯과 새우를 이용한 샌드위치가 제격!

특별한 애플코스터

재료 (1개 기준)

단호박 1/2, 크림치즈 200g, 계란 8개, 아몬드 슬라이스 30g, 식빵 10개, 사과 2개, 버터 20g, 설탕 80g

단호박 크림치즈 샐러드 만드는 방법

1 단호박을 4등분 한다.

2 등분한 단호박의 씨를 뺀 후 찜기에 넣어 15분간 찐다.

3 찐 단호박을 삶은 계란, 크림치즈, 아몬드 슬라이스와 섞는다.

사과조림 만드는 방법

1 사과 2개를 정사각형 모양으로 잘게 썬다.

2 썰어 놓은 사과 조각과 설탕 80g을 넣고 졸인다.

샌드위치 만드는 방법

1 식빵-단호박 크림치즈 샐러드-식빵-사과조림-식빵 순으로 올린다.

2 모양을 갖춘 샌드위치에 계란과 빵가루를 묻힌다.

3 버터를 두른 프라이팬에 샌드위치를 굽는다.

사과는 좋은 콜레스테롤을 증가시켜 혈관 건강에 좋다.

단호박은 풍부한 당질과 영양분에 비해 열량이 낮고

식이섬유가 풍부하여 소화를 도와준다.

살 찔 걱정 없는 특별한 애플코스터를 먹고

우울했던 기분을 날려버리자.

동그라미 친구들

재료 (1개 기준)

오트밀 베이글, 한우, 양상추, 모차렐라 치즈, 토마토, 바비큐 소스,
사과, 레몬, 말차 가루, 휘핑크림, 식빵, 설탕

말차 사과잼 만드는 방법

1 사과를 잘라서 냄비에 넣는다.

2 중불에서 레몬 껍질 조금과 레몬즙을 넣는다.

3 설탕을 넣고 설탕이 다 녹을 때까지 저으면서 졸인다.

4 휘핑크림을 믹싱하여 생크림을 만든다.

5 생크림에 말차 가루를 넣고 섞는다.

동그라미 친구들 만드는 방법

1 오트밀 베이글을 반으로 자른다.

2 토마토, 모차렐라 치즈를 크기에 맞게 자른다.

3 양상추를 씻어 물에 담근다.

4 고기를 구워 결대로 찢거나 자른다.

5 베이글을 잘라 사과잼과 말차 생크림, 키위를 넣는다.

6 베이글을 접시에 놓고 토마토-모차렐라 치즈-양상추-고기-
   소스-양상추-베이글 순으로 올린다.

한우는 동물성 단백질과 비타민 A, B1, B2 등을
함유하고 있어 긍정적인 성장호르몬을 유도한다.
체력이 중요한 학생, 직장인, 어르신들께 한우는 최고의 재료.
할 것은 많은데, 힘이 없을 때
동그라미 친구들 먹고 기분 업!

계란의 영양분과 아보카토의 식감을 살렸다

에그카도 샌드위치

재료 (1개 기준)

식빵, 아보카도, 슬라이스 햄, 양상추, 달걀, 토마토, 올리브 오일,
메이플 시럽, 마가린 소금, 후추

에그카도 샌드위치 만드는 방법

1 아보카도는 껍질과 씨를 제거한 후 가로로 얇게 슬라이스 한다.

2 얇게 썬 아보카도를 올리브 오일과 소금, 후추에 절인다.

3 양상추를 씻은 후 한 입 크기로 잘라 물에 담근다.

4 슬라이스 햄을 살짝 데친다.

5 달걀은 삶아서 으깨고 마요네즈, 소금, 후추를 넣고 섞는다.

6 토마토는 데쳐서 껍질을 벗긴 후 잘게 썬다.

7 자른 토마토는 수분을 제거하고 메이플 시럽을 넣고 섞는다.

8 팬에 마가린을 녹여 식빵을 굽는다.

9 햄-아보카도-치즈-계란-토마토-양상추-식빵 순으로 재료를
넣고 비닐 랩으로 감싼 후 자른다.

   Tip 양배추와 토마토는 수분을 제거한 후 사용한다

계란과 아보카도가 만나
부드러움을 두 배로!
간편한 간식으로
든든한 한 끼 식사로!
손색없는 에그카도 샌드위치

복숭아 샌드위치

재료 (1개 기준)

복숭아, 토마토, 연어, 파프리카, 양파, 청량고추, 소금, 후추, 꿀,
레몬즙

만드는 방법

1 복숭아, 토마토, 파프리카를 1cm 정도로 깍둑 썬다.
2 양파와 청량고추를 다진다.
3 준비한 재료에 소금, 후추, 꿀, 레몬즙을 넣고 섞는다.
4 빵 위에 손질한 연어, 복숭아 살사를 올린다.

평생 숙제 다이어트

모두가 맛있는 음식을 먹을 때,

다이어트 때문에 아무 것도 먹지 않는

친구를 위해 만든 샌드위치.

복숭아는 풍부한 비타민 C가 있어 피부에 좋다.

저칼로리 과일이지만 포만감이 커 다이어트에도 도움이 된다.

다이어트를 하는 중이라면!

복숭아 샌드위치.

달콤한 사과잼과 함께하는
간편 크루아상 샌드위치

재료 (1개 기준)

크루아상, 사과, 베이컨, 슬라이스 치즈, 청상추, 홀그레인 머스타드, 마요네즈, 설탕

사과잼 만드는 방법

- 사과를 작은 정사각형으로 다진다.
- 설탕을 넣고 갈색으로 변할 때까지 졸인다.

소스 만드는 방법

- 홀그레인 머스타드와 마요네즈를 2:1 비율로 섞는다.

샌드위치 만드는 방법

1 양파는 매운 맛을 빼기 위해 찬물에 담근다.
2 크루아상을 버터에 굽는다.
3 구운 크루아상 한 쪽에는 사과잼, 다른 한 쪽에는 소스를 바른다.
4 청상추-치즈-양파-베이컨 순으로 올리고 빵으로 덮는다.

한국국제조리고등학교 안소은 · 장유리

사과는 뇌 신경전달물질의 생성을 높이는 기능이 있어

기억력을 높이고 치매 예방에도 효과적이다.

비타민C가 풍부하여 면역 기능을 강화한다.

아삭아삭 사과 먹고, 두뇌를 깨우자!

폭신폭신 부드러움이 느껴지는

수플레 팬케이크

재료 (팬케이크 3장 분량)

계란 2개, 박력분 45g, 녹인 버터 1T, 우유 1T, 소금 한 꼬집,
설탕 2T

만드는 방법

1 계란 흰자와 노른자를 분리해서 준비한다.

2 흰자에 설탕 세 번을 나눠가며 머랭을 만든다.

3 노른자에 버터, 우유, 소금을 넣고 젓는다.

4 3번 위에 밀가루를 # 모양으로 체로 내려 섞는다.

5 4에 흰자 머랭을 세 번 나눠가며 # 모양으로 섞는다.

6 예열한 팬에 오일을 두르고 반죽을 올린다.

7 인덕션 6단으로 뚜껑을 덮은 상태에서 3분 후 뒤집고 다시
   뚜껑을 덮어 3분 후에 꺼낸다.

학업 스트레스, 성적 스트레스, 친구 관계로

머리가 지끈지끈 아픈 날!

달콤한 생크림과 고소한 버터, 제철 과일까지 곁들인

수플레 케이크로 기분 전환!

© 유연지

너라는 존재
부제 : 토마토

동글동글하게 생긴 너

새빨간 피처럼
붉은색을 가진 너

물에 한번 데치면
껍질이 사라지는 너

초록색 뿔을 달고
암세포도 쫓아버리는 너

토마토야
너의 능력은 어디까지니?

3

푸짐한
한 끼

부드러움이 입 안 한가득

따뜻한 크림 파스타

재료 (4인 기준)

밀가루 0.8kg, 계란 8개, 올리브 오일 33ml, 깐새우 200g, 양파 80g, 마늘 20g, 피자치즈 10g, 화이트와인, 시금치 20g, 방울토마토 8개, 생크림 800ml, 파마산 치즈 20g, 소금 166g, 통후추 166g, 파슬리

파스타 면 만드는 방법

1 밀가루에 달걀, 올리브 오일, 소금을 넣고 반죽한다.

2 반죽을 둥글게 치대며 단단하게 반죽한다.

3 랩으로 싼 다음 30분 간 실온에서 숙성시킨다.

4 30분 후 반죽이 막대에 달라붙지 않게 밀가루를 묻히고 편다.

5 얇게 편 반죽에 밀가루를 살짝 뿌리고 몇 번 접어 적당한 두께로 썬다.

6 자른 파스타는 1-2시간 정도 건조시킨다.

7 잘라놓은 면에 계란물을 바른다.
   Tip 계란물이 접착제 역할을 한다

8 물이 끓으면 소금과 올리브 오일을 넣는다.

9 면을 삶은 후 서로 달라붙지 않게 오일을 바른다.
   Tip 생 파스타는 계란 반죽, 건 파스타는 물 반죽으로 한다

크림소스 만드는 방법

1 마늘, 양파를 얇게 썰어 볶는다.

2 볶은 재료에 소금, 후추로 간 한다.

3 생크림을 넣고 약불로 끓인다.
Tip 영양분이 파괴되지 않게 하기 위해 약불로 끓인다

4 파마산 치즈를 넣고 끓인다.

크림파스타 만드는 방법

1 시금치, 마늘, 양파를 씻고 재료들을 다듬는다.

2 새우를 씻고 손질한다.

3 다진 마늘, 양파 → 시금치 → 새우 순으로 볶는다.

4 볶은 재료에 소금, 후추로 간을 하고 식힌다.

5 식힌 재료에 치즈를 넣고 섞는다.

6 크림소스, 볶은 재료를 함께 넣고 끓인다.

7 삶은 반죽을 넣고 약불로 살짝 끓인다.

8 접시에 담은 후 파슬리를 뿌린다.

면까지 직접 만든 특별한 파스타.

새우와 방울토마토가 함께하는 달콤, 상큼한 맛.

바람 부는 추운 겨울,

사랑하는 사람과 크림파스타 먹으며

따뜻한 겨울나기.

아란치니

재료 (4인 기준)

쌀 200g, 밀가루 80g, 빵가루 160g, 피자치즈 80g, 파마햄 60g, 어린 잎 30g, 토마토 4개, 양파 한 개, 드라이 허브, 마늘 20g, 바질 20g, 소금, 후추, 화이트 와인, 올리브 오일

토마토소스 만드는 방법

1 토마토를 으깬다.
2 양파와 마늘을 다진 후 볶는다.
3 볶은 양파와 마늘에 으깬 토마토를 넣고 볶는다.
4 드라이 허브, 소금, 후추로 간을 한다.

아란치니 만드는 방법

1 양파와 마늘을 다진다.

2 쌀을 불린 후 수분을 제거한다.

3 양파와 마늘을 볶는다.

4 볶은 양파와 마늘에 불린 쌀을 넣고 볶는다.

5 화이트 와인과 파마산 치즈를 넣고 볶는다.

6 볶은 쌀을 동그랗게 한 후 가운데에 피자치즈, 파마햄, 새우를
   넣고 내용물이 나오지 않게 동그란 모양으로 만든다.

7 동그란 모양의 밥을 밀가루-계란-빵가루 순으로 묻히고 튀긴다.

8 접시에 토마토소스와 튀긴 밥을 넣고 어린 잎으로 플레이팅한다.

입맛이 없을 때는 미각, 시각 모두 사로잡는 아란치니를.

새콤한 토마토 소스로 튀김의 느끼함을 잡는 환상의 조합.

뼈 건강, 노화 예방, 시력 개선 등 건강 재료 토마토와

누구나 좋아하는 치즈, 새우로

맛과 건강 두 마리 토끼를 잡는다.

귀여운 피자

재료 (4인 기준)

중력분 1000g, 소금 20g, 설탕 50g, 생 이스트 75g, 물 500g, 식용유 80g, 토마토 페이스트 280g, 토마토소스 120g, 양파 1개, 마늘 2개, 블랙 올리브 20g, 오레가노(or 월계수) 4g, 피자치즈 500g, 양송이버섯 4개, 피망 1개, 캔 옥수수 약간, 페퍼로니 햄 150g, 식용유 40g, 소금 약간, 후추 약간

피자 반죽 만드는 방법 (반죽법 : 스트레이트법)

1 믹싱볼에 중력분, 설탕, 소금, 이스트, 물을 넣고 반죽하여 동그랗게 만든다.

2 1차 발효 : 온도 30도, 습도 75~80%, 30분~40분

3 반죽을 4등분 하여 둥글게 만든다.

4 중간 발효 : 실온, 15분~20분

5 반죽 성형 : 반죽을 얇게 원형으로 민다.
   Tip 반죽을 0.5cm 이하로 밀어야 구웠을 때 빵이 얇다

피자 소스 만드는 방법

식용유 40g, 다진 마늘, 다진 양파, 토마토 페이스트, 토마토 소스에 소금과 후추, 오레가노를 볶는다.

피자 만드는 방법

1 성형한 반죽 위에 소스를 바르고 준비한 재료로 토핑한다.
2 윗불 230도, 아랫불 200도로 맞추고 10분~15분 정도 굽는다.

내 마음을 표현하고 싶은 날
음식이 추억이 될 수 있는 날

위로가 필요한 날
격려가 필요한 날
대화가 필요한 날

4

개운한
후 식

© 김민서

꿀배 인삼청

재료

배 3개, 인삼 6개~8개, 꿀 500ml~800ml, 설탕

인삼 손질 방법

1 흐르는 물에 안 쓰는 칫솔, 솔로 인삼의 이물질을 제거한다.

2 물기를 완벽히 제거한 뒤 몸통 부분을 얇게 편을 썬다.

3 뿌리도 사용하니 버리지 말고 적당하게 썬다.

배 손질 방법

1 배를 1/2로 나누고 반은 갈거나 아주 잘게 썬다.

2 남은 반은 인삼과 같이 편을 썬다.

3 소독한 용기에 배-꿀-인삼-배-꿀-인삼 순으로 담는다.

4 마지막으로 제일 위에는 설탕을 뿌리고 랩으로 밀봉한다.

5 5일 후 먹는다.

Tip 청을 담을 용기는 깨끗하게 소독한다

Tip 설탕을 뿌리는 이유 : 곰팡이 방지

맛있게 먹는 Tip 따뜻한 물에 타먹으면 기관지에 최고

겨울 제철 과일 귤을 활용한

꿀귤 인삼청

재료

귤 20kg, 설탕 10kg, 꿀 10kg, 인삼 10kg

꿀귤 인삼청 만드는 방법

1 귤 양의 1/3은 슬라이스로 자르고 2/3는 껍질을 까고 속살만
  발라낸다.

2 슬라이스는 설탕과 1:1 비율로 섞는다.

3 귤 속살은 귤:설탕:꿀의 1:1:1 비율로 섞는다.

4 인삼은 깨끗하게 씻은 후 작게 자른다.

5 인삼과 꿀을 1:1로 섞는다.

Tip 꿀귤 인삼청에 따뜻한 우유를 넣고 연유를 살짝 곁들여 먹으면 맛있다

Tip 비타민이 풍부한 귤과 영양가 좋은 인삼이 만나 기운 없을 때 먹으면 좋다

키위 레몬청

재료

키위 500g, 레몬 500g, 설탕 1kg

키위 레몬청 만드는 방법

1 키위는 껍질을 제거한 후 잘게 썬다.

2 레몬은 베이킹 소다를 풀어놓은 물에 5분 정도 담가두거나, 굵은 소금으로 씻는다.

3 레몬을 물에 식초를 한 숟가락 풀고 끓여서 잠깐 데친다.

   Tip 레몬은 껍질째 청에 들어가기 때문에 깨끗하게 소독한다.

4 레몬의 동그란 모양을 유지하며 얇게 썬다.

5 얇게 썬 레몬에서 씨를 제거한다.

6 키위와 레몬, 설탕을 1:1 비율(기호에 따라 변경 가능)로 합친다.

Tip 설탕은 과일이 상하지 않게 하는 것이 목적

Tip 키위, 레몬, 설탕을 중탕하여 설탕을 녹인 후 유리병에 담아두면 2-3일 내로 먹을 수 있다

Tip 상큼달콤한 것이 먹고 싶을 땐 최고!

밀크티 라떼

재료

밀크티 가루, 에스프레소 원액, 헤이즐넛 시럽, 따뜻한 우유

밀크티 라떼 만드는 방법

1 밀크티 가루를 한 스푼 컵에 담는다.

2 따뜻한 우유를 부어 가루를 녹인다.

3 헤이즐넛 시럽을 1.5~2T 넣는다.

4 에스프레소 원액을 5스푼 넣는다.

5 그 다음 따뜻한 우유를 컵에 2/3 정도 채운다.

배

권수아

배의 계절
겨울, 봄, 여름 지나 도착한 가을
빨간 단풍
노란 단풍
떨어지는 모습을 보며
시원한 배를 한 입 베어 물면
달콤한 과즙에
가을의 시원함이 배가 된다

© 김민서

5

—

과일
플레이팅

사과(배) 예쁘게 손질하기

사과의 윗부분과
아랫부분을 자른다.

사과를 8등분 한다.

사과를 세울 수 있도록
씨 부분을 제거한다.

토끼 귀 모양 사과

사과의 1/4 지점에서
한쪽은 길게, 다른 한쪽은 짧게 칼집을 낸다.
토끼 귀 모양을 제외한 껍질은 과도로 깎는다.

체크 모양 사과

사과를 4등분하고,
원하는 부분의 껍질만 남긴다.

가로로 3등분, 세로로 5등분 칼집을 낸다.
원하는 부분을 남겨놓고 껍질을 제거한다.

하트 모양 사과

과도로 하트 모양의 칼집을 낸다.
하트를 제외하고 나머지 부분의 껍질을 제거한다.

Tip 예쁘게 손질한 사과는 오렌지 주스나 설탕물에 담가 두면 갈변 현상을 방지
할 수 있다

키위 예쁘게 손질하기

키위의 윗부분과 아랫부분을
평평하게 자른다.

키위를 동일한 크기로
4등분~5등분 한다.

한 부분만 두고
과도로 껍질을 얇게 깎는다.

Tip 껍질이 두꺼우면 잘 접히지 않으므로
얇게 깎는다

껍질을 접어 이쑤시개로 고정한다.

자몽(오렌지) 예쁘게 손질하기

자몽의 윗부분과 아랫부분을 평평하게 자른다.
자른 부분은 버리지 않는다.
Tip 살이 조금 보이게 자른다

자몽의 윗부분과 아랫부분을 평평하게 자른다.

몸통과 껍질통을 분리한다.

처음에 자른 뚜껑을 껍질통 안에 넣는다.

자른 자몽을 껍질통 안에 넣는다.

수박 예쁘게 손질하기

1 한통의 수박을 8등분한다.

2 8등분한 수박의 뾰족한 양면을 썬다.

3 수박이 잘 지탱할 수 있게 밑에 있는 껍질 부분도 썰어 바닥에
  고정한다.

4 껍질과 연결된 수박의 끝 부분을 칼로 자른다.

5 식칼을 이용해 먹기 좋은 크기로 동일하게 썬다.

6 접시에 플레이팅 한다.

   Tip 플레이팅 할 때 수박을 어슷 놓으면 더 예쁘다

© 유연지

6

레시피
디자인

한국국제조리고등학교 배연우

치즈 계란밥

재료

밥 한 공기, 슬라이스 치즈 두 장, 피자치즈 50g, 계란 2개, 간장 2큰술, 케첩 1큰술, 참기름 약간, 소금 한 꼬집, 스팸 1/2

치즈 계란밥 만드는 방법

1 프라이팬에 식용유를 두른다.

2 계란 2개와 소금을 넣어 스크램블 한다.

3 스크램블 위에 밥 한 공기와 간장 1큰술을 넣고 섞는다.

4 볶은 밥에 피자 치즈를 넣고 한 번 더 볶는다.

5 슬라이스 치즈 두 장을 올린 후 치즈가 녹을 때까지 기다린다.

6 그릇에 담아 케첩을 뿌린다.

치즈 오믈렛

재료

계란 3개, 양파 반 개, 버터 한 큰술, 올리브유 약간, 양파 반 개, 모차렐라 치즈 100g, 소금 한 꼬집, 후추 한 꼬집, 생크림 2큰술

치즈 오믈렛 만드는 방법

1 계란을 풀고 소금과 후추를 넣고 밑간을 한다.

2 밑간한 계란물에 생크림 2큰술을 넣고 섞는다.

3 양파를 잘게 다진 후 기름을 두른 팬에 살짝 볶는다.

4 따뜻하게 달궈진 팬에 올리브유와 버터 한 조각을 넣고 계란물을 넣는다.

5 계란물을 섞어가며 반 정도 익힌 후에 양파와 치즈를 말아준다.

한국국제조리고등학교 배연우

달콤 폭신한 계란빵

재료 Tip 종이컵 기준

달걀 4개, 베이컨 2장, 핫케이크 분말 1컵 반, 우유 반 컵, 체다 치즈
1장, 모차렐라 치즈 4큰술, 소금 1ts, 후추 약간, 식용유

계란빵 만드는 방법

1 베이컨, 체다 치즈를 적당한 크기로 썬다.

2 큰 볼에 핫케이크 가루, 우유를 넣고 잘 섞으며 반죽한다.

3 반죽 준비 후 종이컵에 식용유를 골고루 바른다.

4 반죽을 종이컵 1/3 정도 채운다.

5 반죽 위에 계란 1개를 위에 올린다.

6 소금, 후추를 넣어 간을 맞추고 베이컨, 체다 치즈, 모차렐라 치즈
   순으로 넣는다.

7 에어 프라이어에서 180도로 10분, 170도로 10분 더 조리한다.

새단장

부제 : 계란

'꼬끼오'
하는 소리와 함께
따뜻한 아침 햇살이 나를 비춘다.

내 형제들은
세상 밖으로 나갔는데
나는 왜 아직 여기에 있는 걸까?

'똑똑똑'
'누구세요?'

가끔은 매운 음식에
꼭 필요한 계란찜으로

가끔은 냉면 위의
동글동글한 삶은 계란으로

가끔은
생일에 꼭 필요한 케이크로
달달한 프렌치 토스트로

나는 변신한다

환상의 조합! 김치와 고구마, 치즈의 만남

김치 고로케

한국국제조리고등학교 배지수

재료

포기김치 120g, 고구마 220g, 빵가루or튀김가루 100g, 캔옥수수 100g, 모차렐라 치즈 150g, 물(종이컵 기준 2~3컵), 달걀 3개, 식용유 300g

김치 고로케 만드는 방법

1 찜기 또는 팬에 물을 넣고 30분 동안 고구마를 찐다.

2 삶은 고구마를 으깬다.

3 김치를 아주 잘게 썬다.

4 김치에 물기를 제거하고, 으깬 고구마와 옥수수를 넣고 섞는다.

5 재료를 섞은 반죽을 넓게 펴서 모차렐라 치즈를 넣고 감싼다.

6 동그랗게 모양을 내고 달걀 3개를 풀고 적셔 튀김가루나 빵가루에 굴린다.

7 팬에 식용유를 넉넉히 두르고 고로케를 노릇하게 튀긴다.

김치 볶음 우동

한국국제조리고등학교 배지수

재료

김치 4장, 파 40g, 베이컨 3장, 간장 1.5T, 식용유 3T, 우동사리 2
인분, 물 200g , 참기름 1T, 숙주(선택), 굴 소스 1T, 청양고추(선
택), 설탕 한 꼬집

김치 볶음 우동 만드는 방법

1 베이컨과 김치를 적당한 크기로 자른다.
2 팬에 식용유를 적당히 두르고 파기름을 내기 위해 파를 적당히
  볶는다.
3 파기름에 베이컨과 김치를 차례로 넣으며 볶는다.
4 적당히 볶아지면 간장과 굴 소스, 간장, 설탕 한 꼬집을 넣는다.
5 우동사리와 물, 숙주(선택)을 넣고 중불에서 졸인다.
6 조금 졸여졌다 싶으면 청양고추를 넣고 뜸을 들이다 참기름을
  넣고 완성한다.

김치 같은 인생

우리는 김치와 함께한다.
김치에는 많은 재료들이 함께한다.
맛있는 김치 속 재료들처럼
우리네 인생에도
나를 도와주는 사람들이 있다.
배추 혼자서는 깊은 맛을 낼 수 없는 것처럼
나 혼자서는 세상을 살아갈 수 없다.
김치의 많은 재료 같은 우리의 인생.
어.울.림

라면이 당기는 날, 부침개가 당기는 날!
뭘 먹을까 고민이 된다면

라면 부침개
한국국제조리고등학교 김은정

재료

인스턴트 라면 1봉지, 밀가루 40g, 달걀 2알, 모차렐라 치즈 100g,
식용유 20g

라면 부침개 만드는 방법

1 라면을 삶은 후 물을 버린다.
2 삶은 라면에 라면스프 2/3정도 넣고 밀가루 1스푼, 달걀 2알을
   넣고 잘 섞는다. Tip 취향에 따라 라면스프의 양을 조절한다
3 달군 팬에 기름을 두르고 반죽을 넓게 펴서 잘 굽는다.
4 다 구워지면 치즈를 올려 완성한다.

촉촉, 부드러움, 달콤함의 대명사

아몬드 쿠키

한국국제조리고등학교 배지수

재료

박력쌀가루 300g, 아몬드 가루 30g, 버터 100g, 설탕 120g, 베이킹파우더 1/2t, 아몬드 조금, 계란 1개

아몬드 쿠키 만드는 방법

1 버터와 설탕을 섞는다.

2 설탕이 녹고, 버터가 부드러워지면 계란과 쌀가루를 넣고 섞는다.

3 반죽을 동그랗게 만든다.

4 아몬드를 가운데 플레이팅 한다.

5 170도 오븐에서 20분 정도 굽는다.

6 구운 후 서늘한 곳에서 식혀준다.

© 김민서

편집 후기

우리의 장점을 살릴 수 있는 레시피 책이라서 만들기 쉬울 줄 알았는데, 생각보다 많이 어려웠어요. 무엇보다 책을 통해 우리들이 가진 레시피를 다른 사람들에게도 공유할 수 있는 기회가 되어 좋았어요.

한국국제조리고 권수아

제가 좋아하는 요리를 책으로 만든다는 사실이 즐거웠어요. 처음부터 끝까지 하나하나 만드는 것에 어려움을 느꼈지만 함께 만들어간다는 점에서 뿌듯함을 느낀 잊지 못할 경험이었어요.

한국국제조리고 김은정

출판 동아리를 통해 직접 주제 기획부터 세부 내용 하나하나 구성하는 색다른 경험을 하게 되어 좋았어요. 다음에는 이번 경험을 발판 삼아 더 성장하여 더 좋은 책을 만들고 싶어요.

한국국제조리고 배연우

저의 아이디어와 생각을 사람들에게 보여준다는 것이 매우 뜻깊은 경험과 도전이었어요. 책을 만들면서 동아리에 내한 사부심을 가지게 되었고 동아리원들과 사이도 더 돈독해져서 다른 친구들의 부러움을 한 몸에 받았답니다.

한국국제조리고 배지수

각지의 특산물을 통해 레시피를 만들어 보는 등 여러 경험을 할 수 있었어요. 경험을 토대로 저의 부족함 점을 파악할 수 있는 좋은 기회였어요! 이제는 이 경험을 토대로 더욱 성장할 일만 남았겠죠?

 한국국제조리고 이재훈

처음으로 내 이름이 들어간 요리책을 만든다는 생각에 설레었어요. 저만의 새롭고 독특한 레시피를 생각하면서 저의 꿈을 확장할 수 있는 계기가 되었답니다. 이 책으로 다른 사람들에게 도움을 줄 수 있었으면 좋겠어요.

한국국제조리고 육현우

꿈꾸는 레시피

기   획 한국국제조리고등학교
지 은 이 권수아·김은정·배연우·배지수·육현우·이재훈
감   수 손효정

1판 1쇄 발행 2019년 12월 20일

저작권자 권수아·김은정·배연우·배지수·육현우·이재훈

발 행 처 하움출판사
발 행 인 문현광
편   집 홍새솔
주   소 전라북도 군산시 축동안3길 20, 2층 하움출판사
I S B N 979-11-6440-091-1

홈페이지 http://haum.kr/
이 메 일 haum1000@naver.com

좋은 책을 만들겠습니다.
하움출판사는 독자 여러분의 의견에 항상 귀 기울이고 있습니다.

이 도서의 국립중앙도서관 출판예정도서목록(CIP)은 서지정보유통지원시스템 홈페이지(http://seoji.nl.go.kr)와
국가자료종합목록 구축시스템(http://kolis-net.nl.go.kr)에서 이용하실 수 있습니다. (CIP세어번호 : CIP2019049552)